LÉGENDES DES PLANCHES

DU

TRAITÉ DE TÉLÉGRAPHIE ÉLECTRIQUE.

PLANCHE Iʳᵉ. — Télégraphes anciens de jour et de nuit. — *Figures* : 1. Vue aérienne du télégraphe de Chappe. — 2, 3, 4, 5, 6, 7, 8 et 9. Signaux élémentaires. — 10, 11 et 12. Ensemble des signaux formés à l'oblique et écrits à l'horizontale ou à la verticale. — 13. Mécanisme complet du télégraphe Chappe. — 14. Télégraphe prussien. — 15. Télégraphe anglais. — 16. 1ᵉ, 2ᵉ, 3ᵉ; Nouveau système de combinaisons de signaux proposées par Abraham Chappe. — 17. Télégraphe de nuit de M. Jules Guyot. — 18. Télégraphe de nuit pour les chemins de fer, du même. — 19 et 20. Télégraphe de nuit de M. Treutler.

PLANCHE II. — Vitesse et propagation de l'électricité. — *Figures* : 1 à 9. Appareils imaginés par M. Wheatstone pour mesurer la vitesse de l'électricité. — 10. Procédé de M. Fizeau pour mesurer la vitesse de la lumière. — 11. Procédé de M. Fizeau pour mesurer la vitesse de l'électricité. — 12 et 13. Formes principales du rhéostat de M. Wheatstone. — 14 à 17. Appareils et procédés pour mesurer la résistance des corps à la propagation de l'électricité. — 18. Théorie de la conductibilité de la terre.

PLANCHE III. — Théorie et appareils accessoires de la télégraphie. — *Figures* : 1 à 11 *bis*. Mode de transmission de l'électricité et théorie électro-chimique d'Ampère. — 11 *ter*. Duplicateur de l'électricité. — 12. Pile à sable. — 13. Pile de M. Wheatstone. — 14 et 15. Pile de Daniel. — 16 et 17. Pile de Grove. — 18. Pile de Bunsen. — 19. Pile de Bunsen perfectionnée. — 20 et 21. Lampe électrique de M. Jules Duboscq. — 22 et 23. Électro-aimants. — 24 et 25. Courants d'induction. — 26 et 27. Machines électro-magnétiques.

PLANCHE IV. — Appareils accessoires de la télégraphie. — *Figures* : 1. Machine magnéto-électrique de Billant. — 2. Machine magnéto-électrique de Wheatstone à courant continu. — 3. Machine magnéto-électrique à bascule. — 4. *Idem*, à charnière de M. Glaesener. — 5. Interrupteur du courant. — 6. Contact mobile de M. Edmond Denis. — 7. Relais de M. Wheatstone. — 8. Échappement électro-magnétique de Davy. — 9 et 10. Relais ou pendules de M. Kramer. — 11. Galvanomètre de Billant. — 12 à 16. Boussoles des sinus.

PLANCHE V. — Appareils accessoires de la télégraphie. — *Figures* : 1. Boussole des tangentes. — 2 à 15. Poteaux souteneurs et appareils extenseurs des fils conducteurs. — 15 à 20. Parafoudres. — 21. Appareil pour revêtir les fils conducteurs de gutta-percha. — 22 et 23. Procédé pour l'essai des fils enduits. — 24 et 25. Éléments du télégraphe électrique de Ronalds. — 26. Signaux de Reisser. — 27. Télégraphe de Soemmering.

PLANCHE VI. — *Figures* : 1 et 2. Essais télégraphiques de Gauss et Weber. — 3. Télégraphe d'Alexander. — 4, 5, 6, 7 et 8. Télégraphe électrique de Steinheil. — 9. Premier télégraphe à aiguilles de M. Wheatstone. — 10 et 11. Télégraphe de Vorselman de Heer. — 12 et 13. Premier télégraphe imprimant de M. Bain. — 14. Télégraphe électro-magnétique de M. Palmieri. — 15 et 16. Appareils de télégraphie électrique de M. Glaesener.

PLANCHE VII. — Télégraphes a aiguilles de l'administration anglaise. — *Figures* : 1 à 3. Télégraphe à une aiguille. — 4 à 6. Télégraphe à deux aiguilles. — 7. Alarme ou sonnerie. — 8 et 9. Touches sonnantes. — 10. Ensemble des lignes télégraphiques établies par la compagnie anglaise. — 11. Bureau du télégraphe de la station de Tonbridge. — 12. Distribution des fils et des appareils.

PLANCHE VIII. — Télégraphes électriques de l'administration française. — Figures :
1. Appareil récepteur. — 2. Appareil indicateur. — 3. Signaux. — 3 bis. Alphabet. — 4 et 5. Manipulateur. — 6 et 7. Transmission et réception. — 8. Interrupteur de pile. — 9. Poste télégraphique. — 10. Communications directes. — 11. Relais.

PLANCHE IX. — Télégraphes a aiguilles et a cadran. — Figures : 1 et 2. Télégraphe à aiguilles de M. Bain. — 3, 4 et 5. Télégraphes à cadran de M. Wheatstone avec ou sans mouvement d'horlogerie. — 6. Clef du télégraphe ou organe de jonction. — 7 et 8. Télégraphe de Pelchzim, transmetteur et récepteur. — 9 à 13. Télégraphe de Drescher, récepteur et communicateur, appareil condensé.

PLANCHE X. — Télégraphes a cadran, système de Siemens et Halske. — Figures : 1. Mécanisme du télégraphe. — 2. Clavier. — 3. Indicateur. — 4. Mode de communication. — 5. Relais. — 6 et 7. Télégraphe de Kramer, transmetteur et indicateur.

PLANCHE XI. — Télégraphe de Bréguet a signaux de Chappe, modèle primitif. — Figures : 1. Mécanisme du télégraphe. — 2 et 3. Compteur électro-magnétique.

PLANCHE XII. — Appareils électro-télégraphiques de M. Bréguet, télégraphe a cadran. Figures : 1 et 4. Transmetteur. — 2 et 3. Récepteur.

PLANCHE XIII. — Télégraphe et chronoscope électrique de M. Paul Garnier. — Figures : 1. Transmetteur. — 2. Récepteur. — 3. Appareil chrono-électrique. — 4. Chronoscope de M. Pouillet.

PLANCHE XIV. — Télégraphe a cadran et imprimant de M. Froment. — Figures : 1 à 7. Télégraphe à cadran avec clavier. — 8, 9 et 10. Télégraphe écrivant. — 11. Contact mobile faisant tourner une roue dentée. — 12. Interrupteur du courant, c'est le petit appareil a lame vibrante décrit page 335.

PLANCHE XV. — Télégraphe écrivant de Morse. — Figures : 1, 2. Mécanisme écrivant ou récepteur. — 3 et 4. Clef, ou correspondant. — 5. Table des lettres. — 6. Relais. — 7. Clef du télégraphe de M. Halske. — 8. Disposition des appareils aux stations. — 9. Double pointe écrivante, de M. Stöhrer.

PLANCHE XVI. — Télégraphe écrivant de M. Dujardin. — Figures : 1, 2 et 3. Machines magnéto-électriques. — 4 et 5. Sonnerie ou appareil tintant les dépêches. — 6 et 7. Appareil écrivant les dépêches. — 8. Tambour modifié pour le service des chemins de fer.

PLANCHE XVII. — Télégraphe imprimant de M. Brett. — Figures : 1 et 2. Compositeur. — 3 à 8. Imprimeur et détails. — 9 et 10, 11 et 12. Nouveaux compositeurs ou transmetteurs. — 13. Imprimeur, nouveau modèle. — 14. Échappement électro-magnétique.

PLANCHE XVIII. — Télégraphe électro-chimique de M. Bain. — Figures : 1, 2 et 3. Ensemble et vues principales du télégraphe. — 4 et 5. Marche du papier, mode d'impression, rouages, régulateur. — 6. Télégraphe élémentaire plus simple, modèle réduit. — 7, 8, 9. Régulateurs du courant. — 11. Compositeur ou mécanisme écrivant la dépêche par des trous percés dans des bandes de papier. — Le graveur a omis la figure 12, qui n'était qu'une seconde vue du compositeur.

PLANCHE XIX. — Horloges électriques. — Figures : 1. Pendule électro-magnétique de M. Bain. — 2, 3 et 4. Mécanisme de transmission du mouvement d'une horloge à un nombre quelconque de cadrans avec aiguilles. — 5. Mécanisme propre à faire marcher d'accord un nombre quelconque d'horloges ordinaires. — 6. Mode de transmission directe sans électro-aimant. — 7. Pendule électrique de M. Weare. — 8. Horloge électrique sans pendule. — 9. Balancier électrique avec piles sèches.

PLANCHE XX. — Appareils électro-chronométriques de M. Paul Garnier. — Figures : 1 et 2. Horloge type. — 3 et 4. Premier appareil chronométrique. — 5, 6 et 7. Deuxième appareil chronométrique.

PLANCHE XXI. — Appareil de M. Bréguet pour mesurer la vitesse des projectiles. — Figures : 1, 2 et 3. Vues diverses. — 4. Plan d'un petit appareil accessoire pour établir un circuit à des instants déterminés.

PLANCHE XXII. — Enregistreur électro-magnétique de M. Wheatstone. — Figures : 1. Ensemble de l'enregistreur ou récepteur. — 2. Transmetteur emporté par le ballon captif. — 3. Roues à types. — 4. Chronoscope de M. Wheatstone perfectionné par M. Hipp. Il se compose essentiellement d'une horloge, mue par un poids avec deux cadrans à chiffres et deux aiguilles ou indicateurs. La première aiguille donne les dixièmes de seconde, la deuxième les centièmes de dixième ou les millièmes de seconde. La roue d'échappement est munie d'un ressort ou cliquet qui fait mille oscillations par seconde, et laisse passer une dent de la roue à chaque oscillation. Un électro-aimant en communication avec l'horloge détermine le mouvement des aiguilles. Aussi longtemps que le courant circule dans le fil de l'électro-aimant, les aiguilles sont arrêtées et ne se meuvent pas, tandis que l'horloge marche incessamment; mais aussitôt que le courant est interrompu dans le fil de l'électro-aimant, les aiguilles se mettent en mouvement sans que la marche uniforme de l'horloge soit en aucune manière troublée, et elles s'arrêtent dès que le courant est rétabli, l'horloge continuant toujours à marcher. On lit ainsi sur les cadrans, en dixièmes et millièmes de seconde, le temps pendant lequel le courant a été interrompu. Ce temps peut être celui qu'a employé un corps pesant pour tomber d'un décimètre de hauteur, temps qui n'est qu'un cinq-centième de seconde et que le chronoscope permet cependant d'apprécier. La *figure* 4, planche XXII, représente le chronoscope appliqué à la détermination des lois de la chute des corps. Le courant, issu du pôle positif p de la pile, vient en a, monte par l'une des colonnes à l'électro-aimant renfermé dans la boîte de l'horloge, parcourt le fil de cet électro-aimant, arrive en b et va ensuite en c, point de réunion des deux fils cm, ce. Dans la disposition actuelle de l'appareil FB, il y a interruption du circuit en m; le courant va donc en e, et de e en i à travers la boule de laiton k; de i il vient en o et de o au pôle négatif z. La boule k est suspendue à un fil retenu par le ressort f, lequel unit métalliquement les deux points e et i; mais aussitôt qu'on pousse le ressort f, la boule tombe, et par là même i n'est plus uni à e. Le courant est donc interrompu, et les aiguilles du chronoscope se mettent en mouvement. En frappant le plateau en bois B, la boule k amène en communication métallique les deux plaques métalliques m et n; le courant par là même est rétabli, il va de p en a, de a en b à travers l'électro-aimant, de b en c, de c en

m, de m en n, de n en o, de o en z; et les aiguilles se sont arrêtées tout à coup. La différence entre leur position primitive et leur position actuelle donne le temps employé par la boule pour arriver de la potence G au plateau B. Les temps ainsi déterminés par le chronoscope s'accordent jusqu'au millième de seconde avec les temps assignés par la théorie. La potence G d'ailleurs est mobile pour qu'on puisse opérer tour à tour sur diverses hauteurs.

Pour déterminer au moyen de ce chronoscope le temps employé par une balle de pistolet ou de fusil à parcourir un ou plusieurs mètres, on fixe sur la bouche de l'arme un anneau en bois, et l'on tend sur cet anneau un fil très-fin dont les extrémités aboutissent en e et en o; puis à la distance voulue, un ou plusieurs mètres, on installe un plateau semblable au plateau B, mais plus solidement construit, et dont les deux plaques métalliques m et n communiquent aussi par des fils avec e et o. Si maintenant on fait partir le coup, la balle rompt le fil de l'anneau, le courant est interrompu, les aiguilles marchent; mais cette même balle en rencontrant le plateau rétablit le courant, les aiguilles s'arrêtent et on lit sur les cadrans le temps employé par la balle à parcourir la distance de la bouche de l'arme au plateau. On pourrait mesurer de la même manière avec le chronoscope la vitesse d'inflammation de la poudre; et même, à l'aide de quelques dispositions additionnelles, la vitesse de la lumière et de l'électricité. Le chronoscope de M. Hipp est admirablement construit, il fonctionne parfaitement et M. Wheatstone l'a définitivement adopté comme appareil modèle.

PARIS. TYPOGRAPHIE PLON FRÈRES, 36, RUE DE VAUGIRARD.

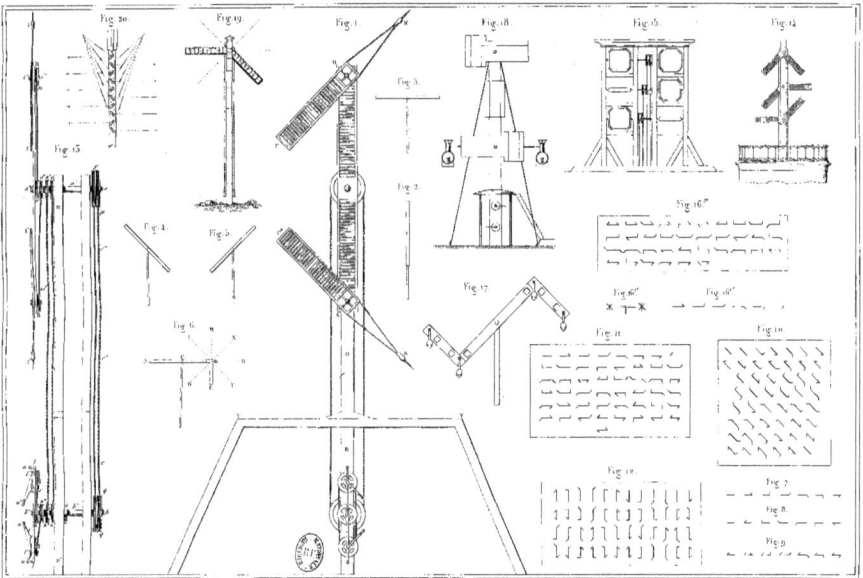

Pl. II

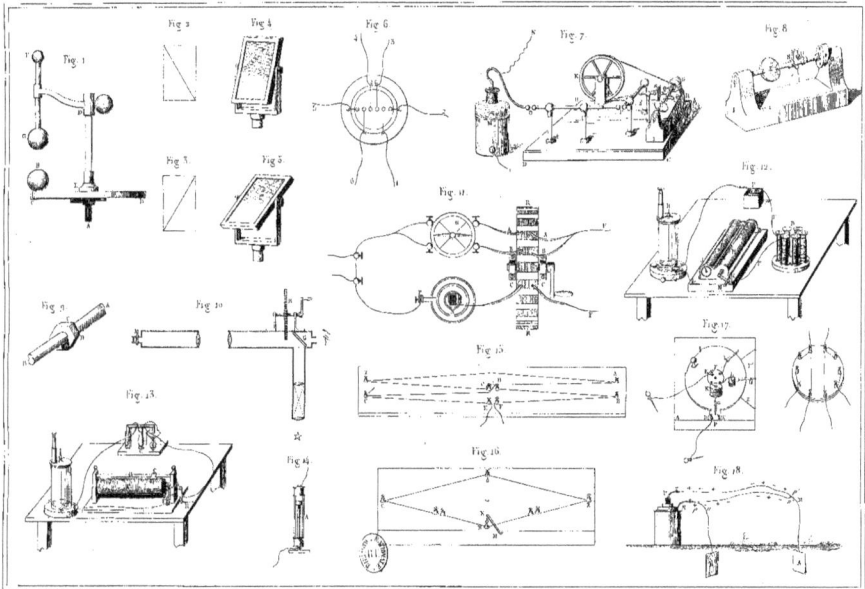

Pl. III.

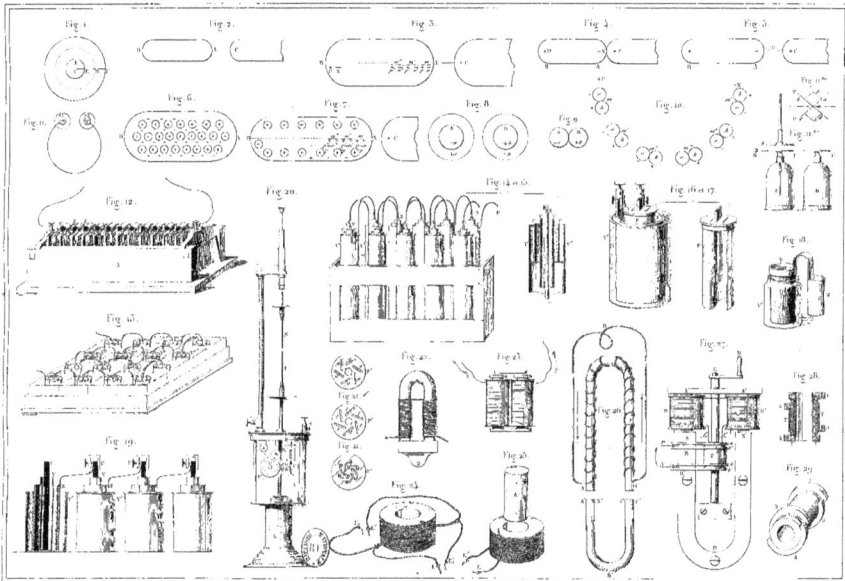

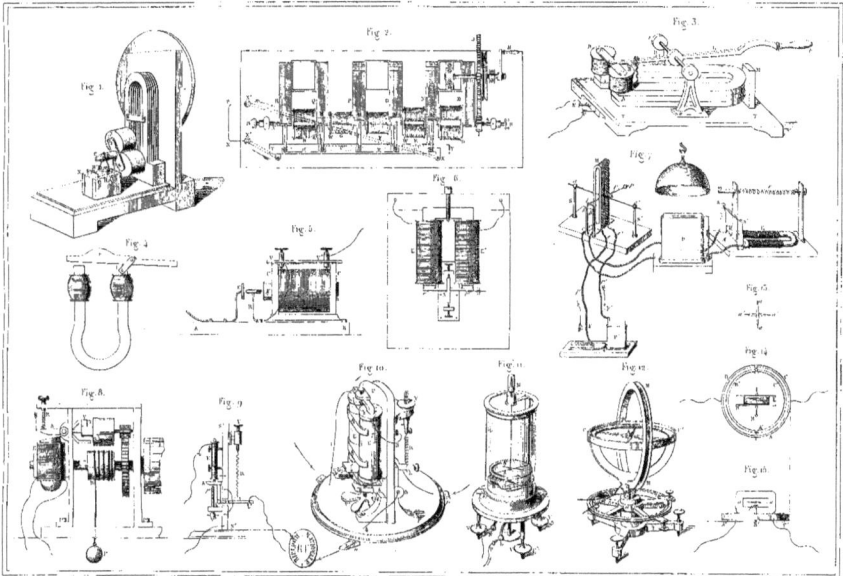

Pl. IV.

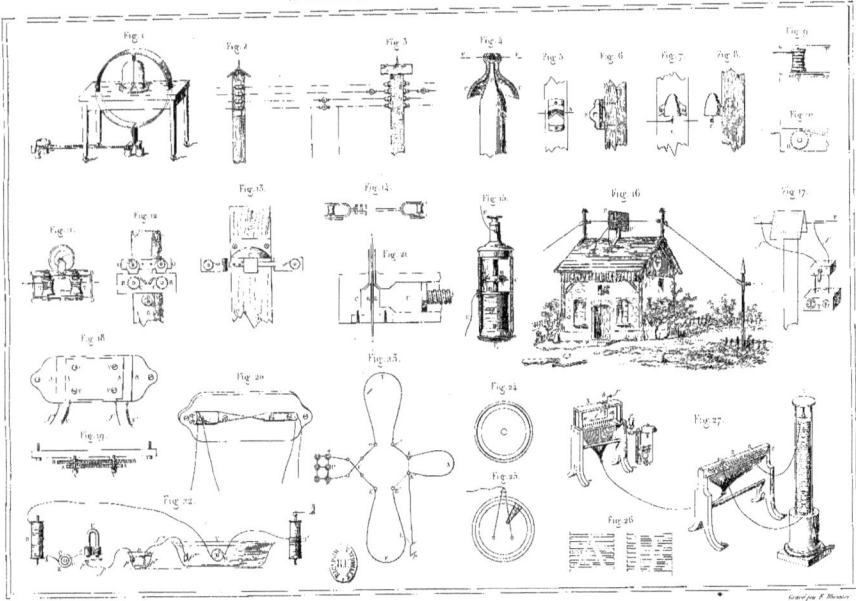

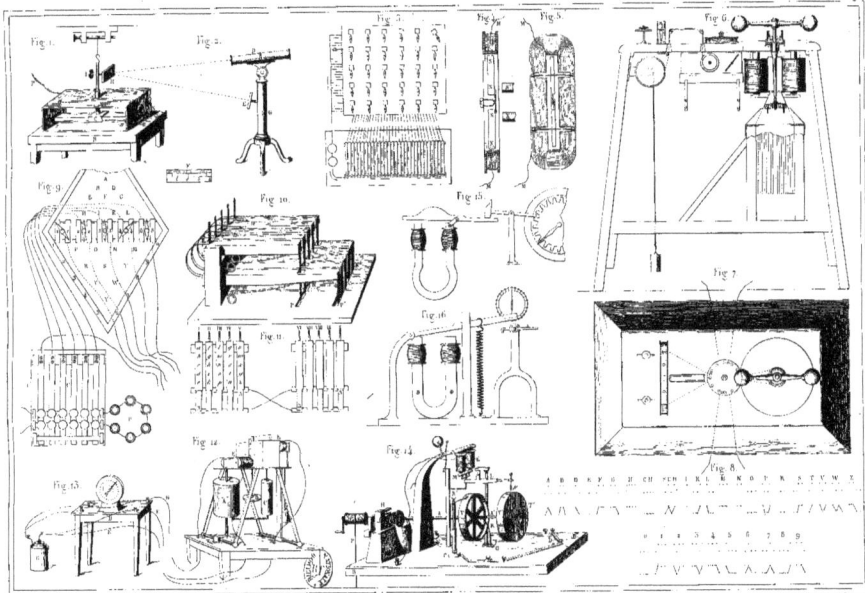

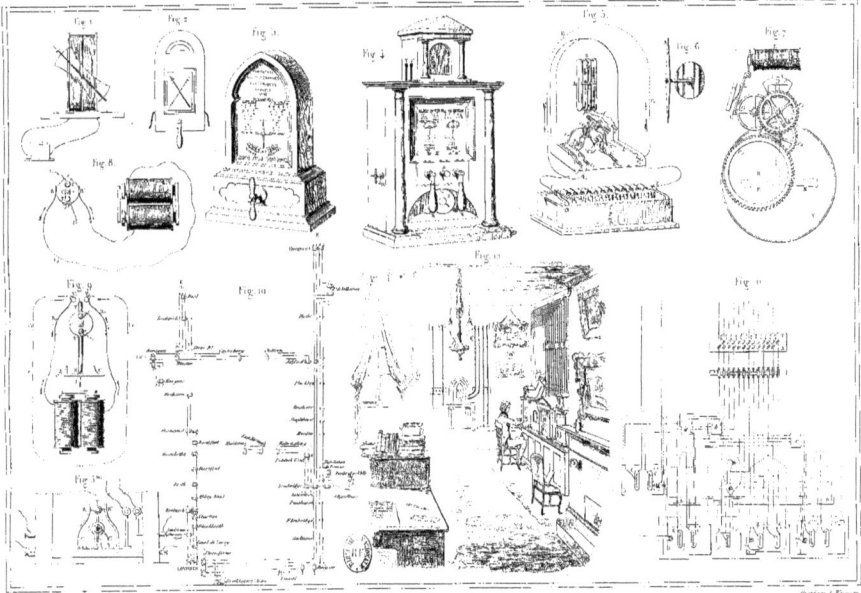

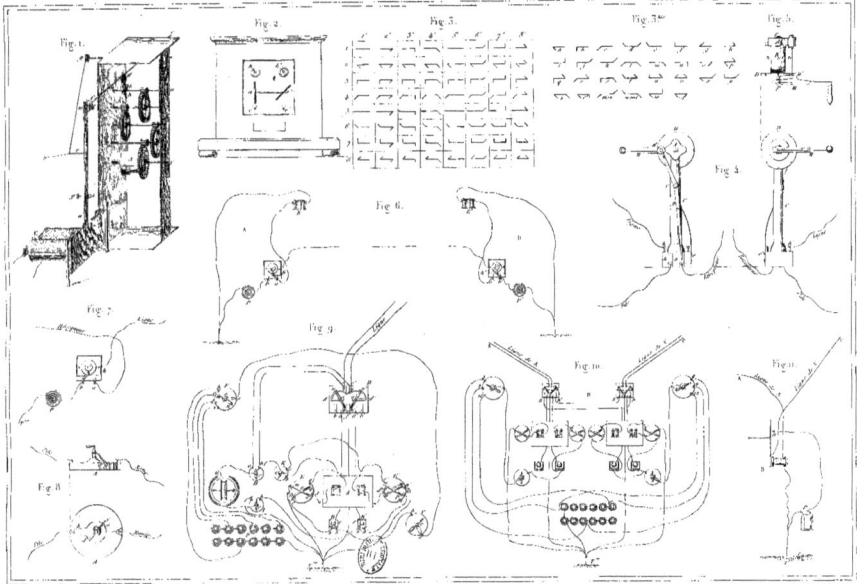

Pl. IX

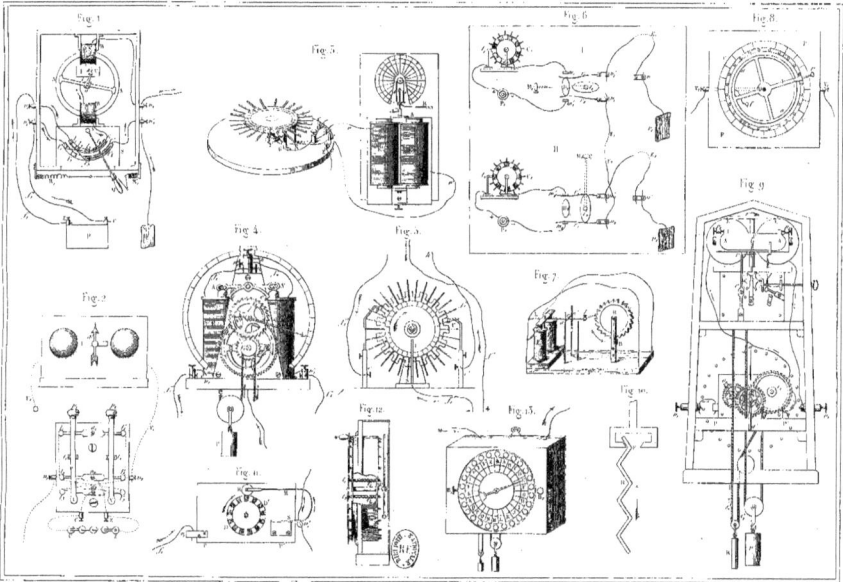

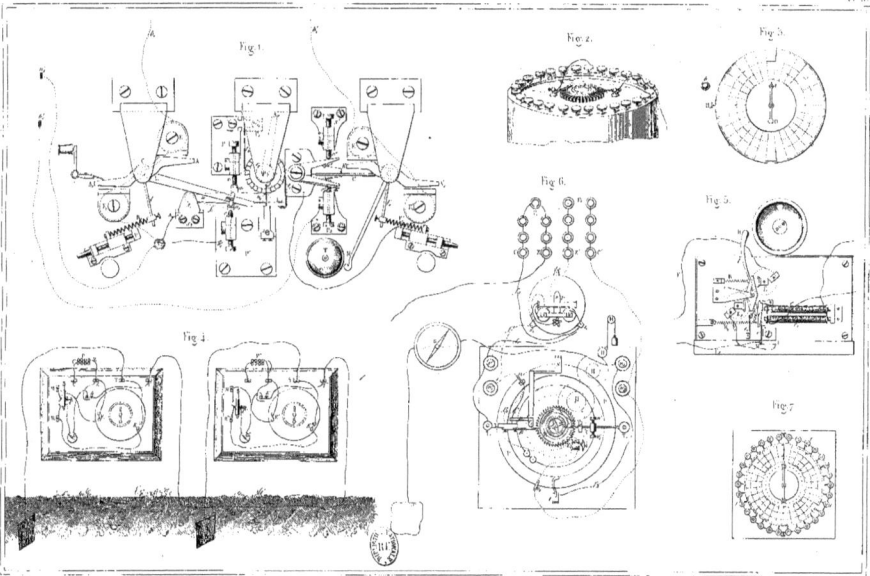

Fig. 1.

Fig. 2.

Fig. 3.

Fig. 6.

Fig. 5.

Fig. 4.

Fig. 7.

Gravé par A. Vuillemin.

Compteur électro-magnétique.

Fig. 5.

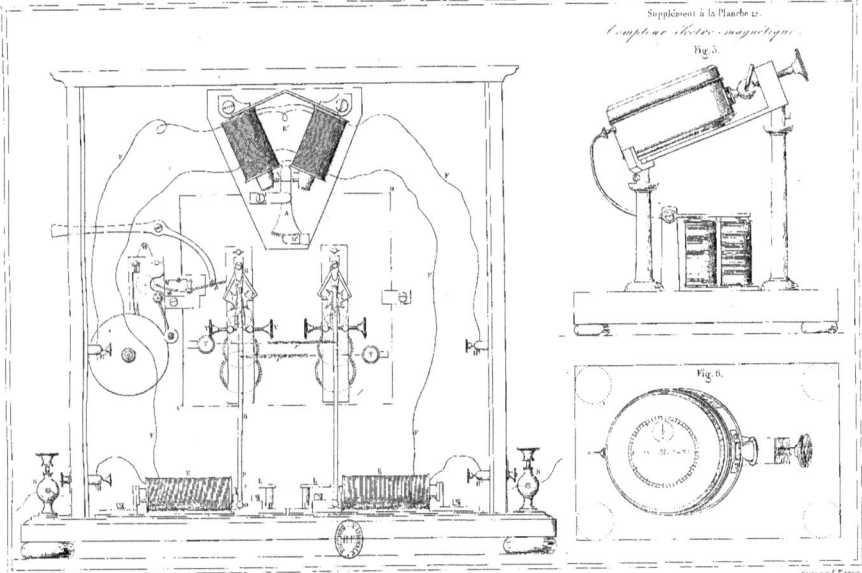

Fig. 6.

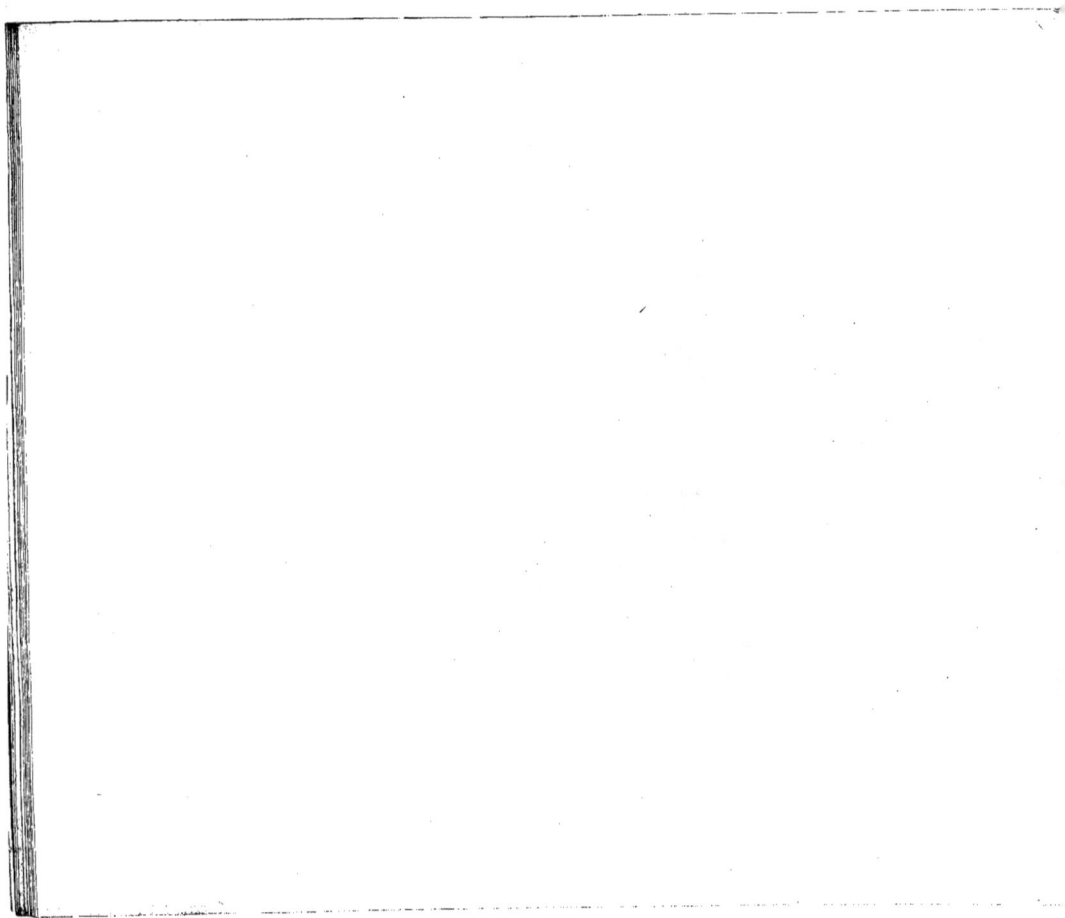

APPAREILS ÉLECTRO-TÉLÉGRAPHIQUES DE Mr BRÉGUET

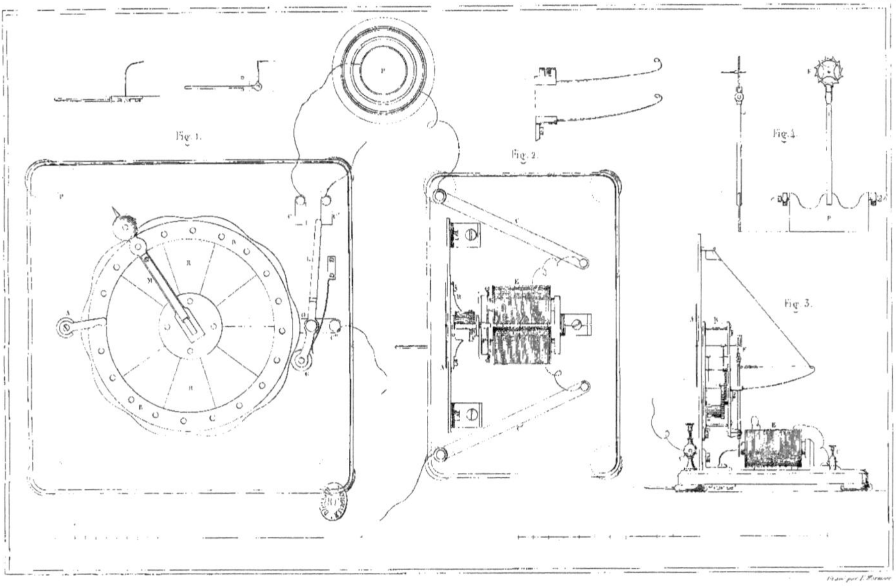

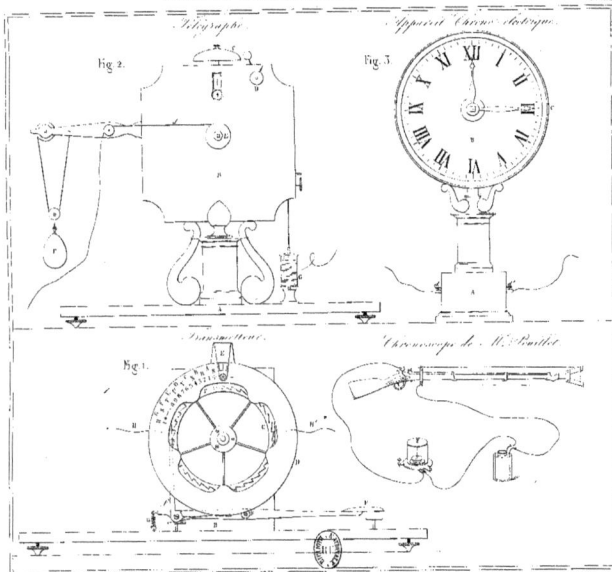

Télégraphe.

Appareil Chrono-électrique.

Fig. 2.

Fig. 3.

Transmetteur.

Chronoscope de Mr Pouillet.

Fig. 1.

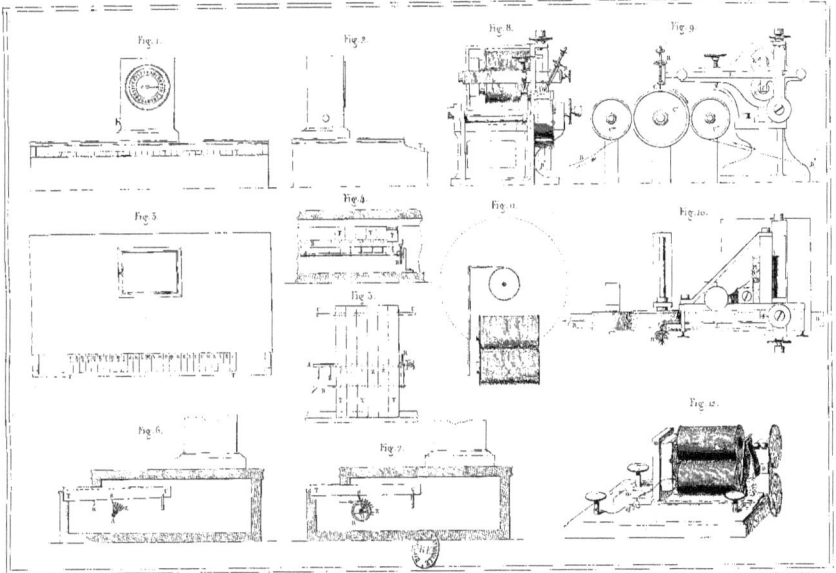

Fig. 1.   Fig. 2.   Fig. 8.   Fig. 9.
Fig. 3.   Fig. 4.   Fig. 11.   Fig. 10.
          Fig. 5.
Fig. 6.   Fig. 7.   Fig. 12.

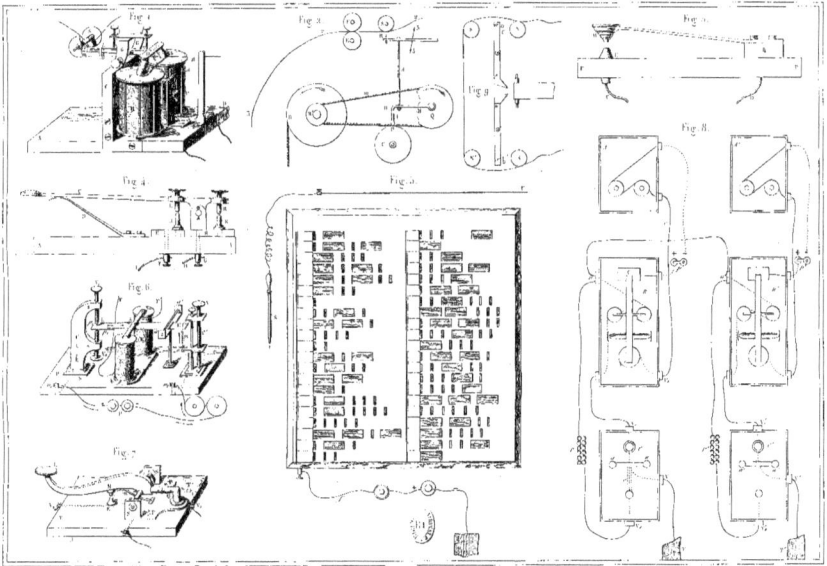

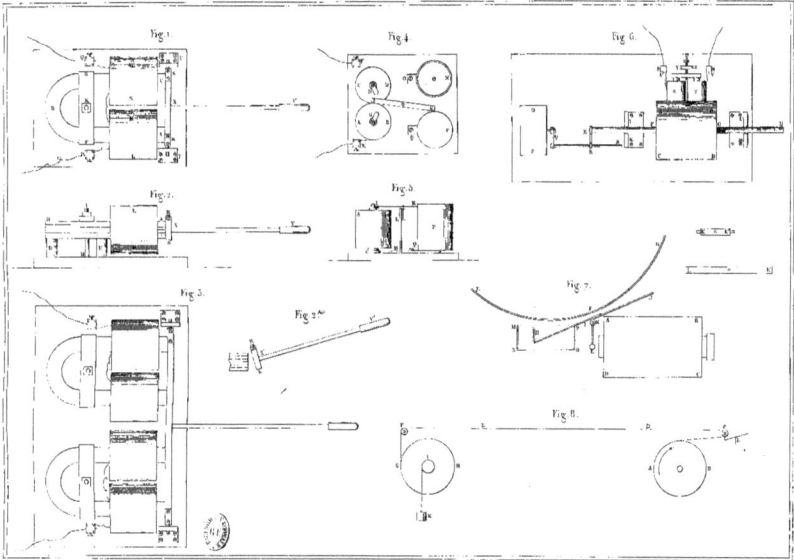

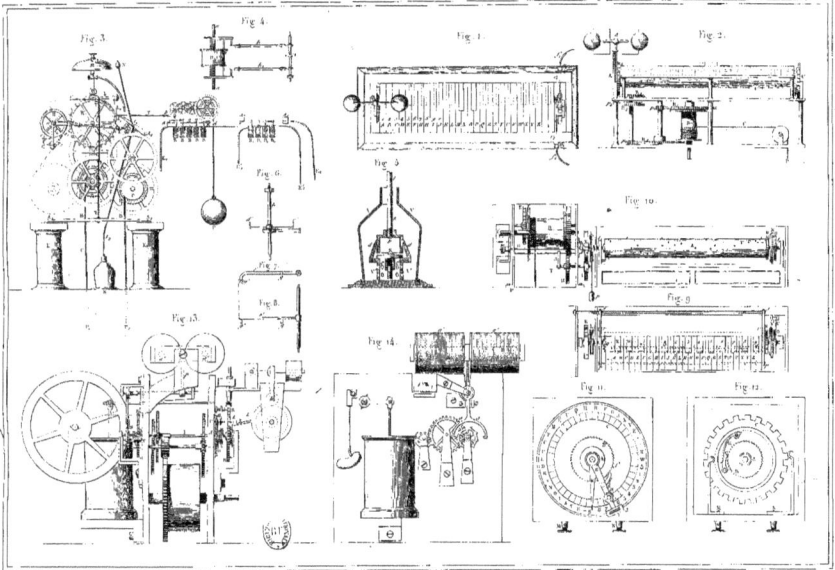

Fig. 3.   Fig. 4.   Fig. 1.   Fig. 2.   Fig. 6.   Fig. 5.   Fig. 10.   Fig. 7.   Fig. 8.   Fig. 9.   Fig. 13.   Fig. 14.   Fig. 11.   Fig. 12.

Grav. par E. Chavane.

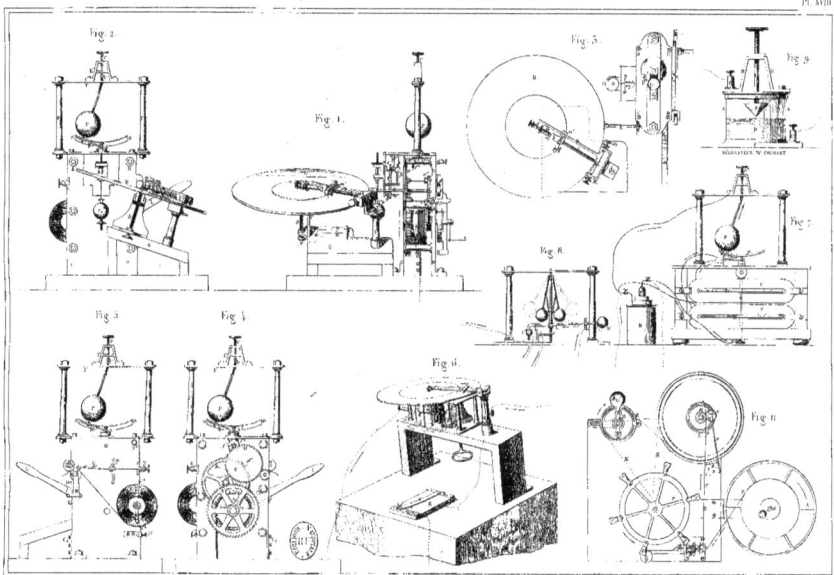

Pl. XVIII

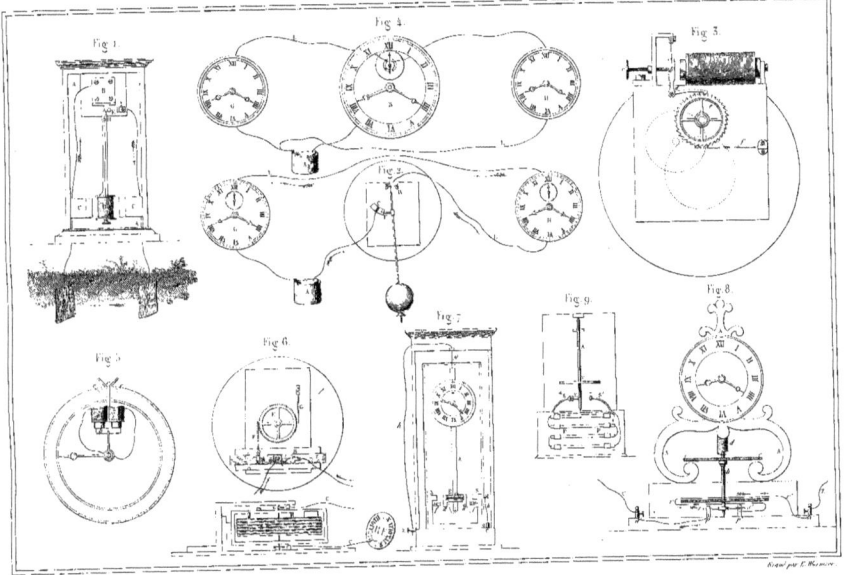

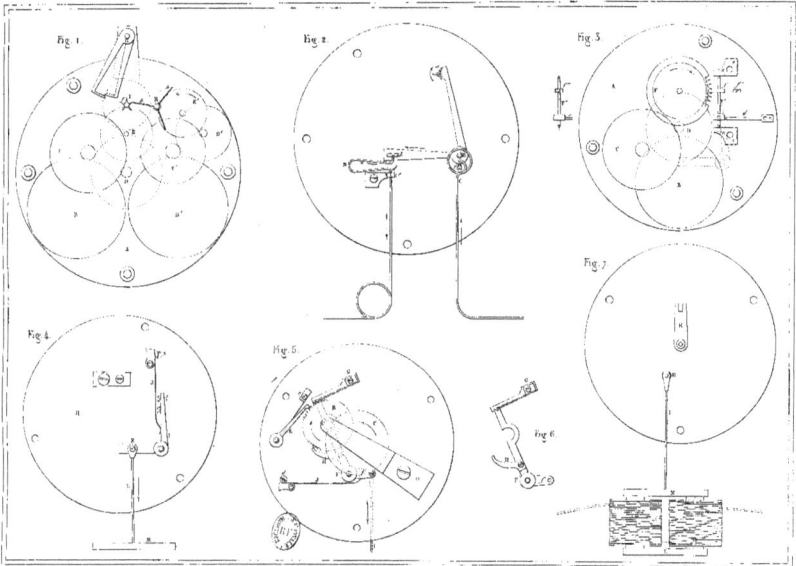

Fig. 1 Fig. 2 Fig. 3 Fig. 4 Fig. 5 Fig. 6 Fig. 7

Fig. 1.

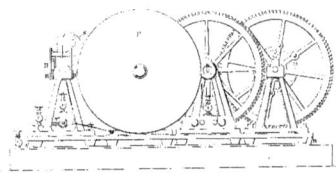

Fig. 3.

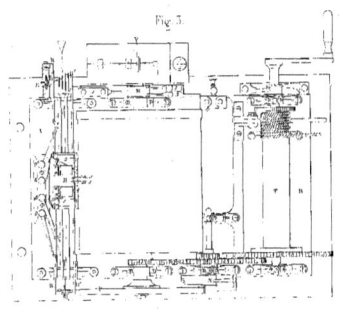

Fig. 2.

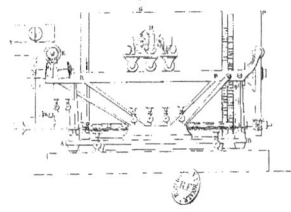

Fig. 4.

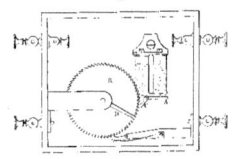

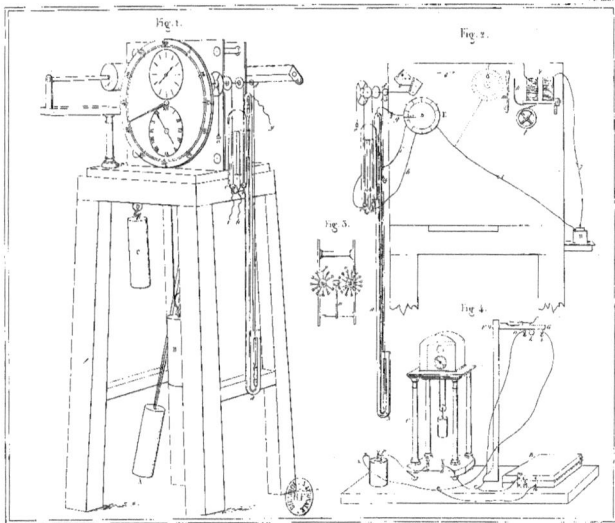

Fig. 1.　　　　　　　　Fig. 2.

Fig. 3.

Fig. 4.